Grundzüge der Geschichte und Wirtschaft der Königlichen Oberförsterei Eberswalde

Anläßlich der Feier des
75 jährigen Bestehens der
Forstakademie Eberswalde

bearbeitet von

Dr. W. Borgmann

Forstassessor.

Springer-Verlag Berlin Heidelberg GmbH

1905.

ISBN 978-3-642-89559-3 ISBN 978-3-642-91415-7 (eBook)
DOI 10.1007/978-3-642-91415-7

Softcover reprint of the hardcover 1st edition 1905
Additional material to this book can be downloaded from http://extras.springer.com.

Inhalt.

Einleitung.

Über die Entwickelung der Waldwirtschaft in der Königlichen Oberförsterei Eberswalde liegen bestimmtere Nachrichten etwa seit der Mitte des 18. Jahrhunderts vor. Nach dem in der Akademiebibliothek aufbewahrten, noch gut erhaltenen Urkundenmaterial sind die ersten Vermessungen der beiden heutigen Lehrforsten Eberswalde und Biesenthal, des alten vereinigten „Biesenthaler Forstreviers", in den Jahren 1755 und 1767 ausgeführt worden, die erste Forstkarte wurde im Jahre 1769 gezeichnet, die erste Forstbetriebseinrichtung auf den Spezialbefehl Sr. Majestät des Königs Friedrich II., des Großen, im Jahre 1781 bewirkt. An die ältesten Taxationsschriften und -karten schließt sich bis zur Neuzeit eine fortlaufende Reihe von Forsteinrichtungswerken und Karten in zumeist regelmäßigen Zeitintervallen an, sodaß eine Menge interessanten forstgeschichtlichen Materials zur Verfügung steht, welches wertvolle Aufschlüsse sowohl über die Entwickelung der Waldwirtschaft ganz allgemein, in Sonderheit auch der Forsteinrichtung, als auch über die Entstehung und Entwickelung zahlreicher Einzelbestände zu geben geeignet ist.

Ein lang gehegter Wunsch des verewigten Landforstmeisters Dr. Danckelmann, ein Geschichtswerk der Einzelbestände der Oberförstereien Eberswalde und Biesenthal auf Grund der Taxations- und Kartenwerke, sowie der Wirtschaftsbücher der beiden Oberförstereien auszuarbeiten, wurde gelegentlich der im Jahre 1898 stattgehabten Taxationsrevision in den beiden Oberförstereien vom Forstassessor Kanzow (für Biesenthal) und vom Verfasser dieser Zeilen (für Eberswalde) zur Ausführung gebracht. In dem speziellen Teil der vorliegenden Schrift konnten daher auf Grund der 1898er bestandesgeschichtlichen Forschungen zahlreiche und weit zurückreichende Daten über die Geschichte der einzelnen Waldbilder gegeben werden.

A. Allgemeiner Teil.

I. Geschichte und Wirtschaft des 18. und 19. Jahrhunderts.

1. Waldzustand um 1750—80. Der Waldzustand der Oberförsterei Eberswalde war um die Mitte des 18. Jahrhunderts ein höchst mangelhafter. Die Bestände zeigten durchweg das Bild alter, regelloser Plenterwirtschaft, die vorwiegend nach dem Bedarf nutzte, sodaß, wie es in einem der damaligen Taxationsprotokolle heißt, „ein gleicher Bestand an Alter in keinem Schlage sey, sondern sich Holz von allen Sorten und Altern in jedem Schlage oder vielmehr auf jedem Morgen vorfinde" —, und weiter, „daß kein ganz reines altes Holz zu einem Probemorgen sich finden wird". Neben der vorherrschenden Kiefer und Buche nahm die Birke einen ziemlich bedeutenden Raum ein. Auch die Eiche fand sich fast überall. Massen von 140 fm nutzbaren Holzes auf 1 ha wurden schon als günstige angesehen, die Holzmassenvorräte waren zumeist weit geringere. Die Verjüngung erfolgte überwiegend auf natürlichem Wege. Dieselbe blieb freilich schon damals nicht der Natur allein überlassen, vielmehr wurden bestimmte Waldflächen eingeschont, sogenannte „Schon-Orthe", in welchen die Landbevölkerung zu eggen und zu pflügen, sowie Kienäpfel als Beihilfe zur Naturverjüngung zu liefern und auszusäen verpflichtet war. Dafür bezog die Landbevölkerung ihren Bedarf an Nutz- und Brennhölzern frei oder zu mäßigen Sätzen aus dem Walde.

Der damaligen gründlichen Bodenbearbeitung in den „Schon-Orthen" scheint es zu danken zu sein, daß die Naturverjüngung, wenn auch in langer Verjüngungsdauer, fast überall gut gelang, und aus den damaligen Schonungen unsere heutigen 100—150jährigen ansehnlichen Kiefernaltholzbestände mit zumeist reicher Beimischung der Buche heranwachsen konnten. Ob allerdings die aus der Naturverjüngung hervorgegangenen Schonungen, insbesondere was die Kiefer anbetrifft, den heutigen Forderungen an einen guten Schluß entsprochen haben, muß dahingestellt bleiben. In vielen Fällen wenigstens spricht die innere Verfassung der Stämme dafür, daß die Jugendentwickelung und auch noch die Entwickelung im Stangenholzalter mehr oder weniger in recht lockerem Schluß erfolgt sein muß. Es geht dies einmal aus den sehr geringen Vornutzungserträgen, welche die heutigen Altbestände bisher geliefert haben, hervor, andererseits erweisen sich die Hölzer mancher Bestände oder Bestandesteile beim Aufschneiden im Inneren stark ästig, oft läßt auch das äußere Ansehen noch eine starke Ästigkeit erkennen. Es trifft dies z. B. für einzelne Teile der zum Plenterwald in der näheren Umgebung von Eberswalde gehörigen Kiefernaltbestände zu. Das ausgedehnte Vorkommen des Kiefernbaumschwamms ebendaselbst scheint gleichfalls mit der Ästigkeit der Bestände, in letzter Beziehung also wieder mit ihrer Entstehung aus Naturverjüngung in zu lockerem Schluß, in unmittelbarem Zusammenhang zu stehen.

2. Entstehung der älteren, über 75 jährigen Kiefernbestände, insbesondere der Mischbestände von Kiefer und Buche. Die Naturverjüngung im alten Plentersamenschlage mit Bodenbearbeitung hat insbesondere der Einmischung der Buche bedeutend Vorschub geleistet, sodaß die Mehrzahl aller aus der damaligen Zeit stammenden Bestände einen großen Prozentsatz Buche beigemischt enthält. Die Mischbestände von Kiefer und Buche sind für den größten Teil der Oberförsterei Eberswalde charakteristisch.

Aus den ältesten Taxationsschriften und Karten geht für eine Reihe von Beständen mit Bestimmtheit hervor, daß bei der Verjüngung um 1750—1820 in erster Linie die Buche sich allenthalben ansamte und vordrängte. So wird z. B. der heutige 130jährige Kiefernaltbestand zwischen der Zainhammer Promenade und dem Botanischen Garten im Jahre 1798 als „dichte junge Buchen mit vielen eingesprengten Kiefern“ beschrieben, und als überwiegend der jüngsten Altersklasse von 1—15 Jahren, zum geringeren Teil bereits der Altersklasse 15—40 angehörend bezeichnet. Die heutigen zwischen- und unterständigen Buchen sind daher vielfach sogar um ein geringes älter, als der herrschende Kiefernaltbestand. Die Buche samte sich zumeist etwas früher an, wurde aber bald von den einzel-, gruppen- und flächenweise angeflogenen Kiefern teils überwachsen, teils mit hochgenommen; im Stangenholzalter drängte die Buche wieder stärker nach, bis sie sich schließlich im höheren Alter in ihren herrschenden Stämmen in die Kronen der Kiefern hinaufgeschoben hat, im übrigen noch die Rolle eines Unterstandes beibehaltend. Im Laufe der ganzen Entwicklungsdauer des Bestandes haben sich, wie dies auch heute noch fortdauernd beobachtet werden kann, noch weiterhin Buchen neu eingefunden, sodaß schließlich die Buchenbeimischung den Charakter eines ungleichaltrigen Bestandes trägt, dessen älteste Glieder das Alter des Kiefernhauptbestandes erreichen und zum Teil übertreffen.

Die Buche besamt sich auch heute noch in vielen Altholzmischbeständen außerordentlich leicht und üppig, häufig ohne Zutun des Wirtschafters, und rasch hochwachsend, sobald sich etwas reicherer Lichteinfall einstellt.

Nicht selten, wie dies insbesondere für die im Plenterbetrieb bewirtschafteten Schönheitswaldungen in der Nähe von Eberswalde (Hagendenkmal, Zainhammer, an der Spechthausener Straße und am „Bunte-Buchen"-Weg) zutrifft, wird die vordrängende Buchenansamung insofern lästig, als die Hauptverjüngung auf Kiefer hierdurch bedeutend erschwert, mitunter sogar ganz in Frage gestellt werden kann.

Erwünscht ist eine dünn verteilte Buchenvorbesamung, welcher man, sobald die Buchen höchstens kniehoch zu werden beginnen, die Hauptverjüngung auf Kiefer durch allmählich fortschreitende Räumung in Kleinschlägen folgen läßt; diese werden alsdann im regelmäßigen Verband (zumeist 1,3 m im Quadrat) mit Kiefern ausgepflanzt.*) Die Kiefer überholt dann sehr bald die Buche, diese zum Teil mit hochnehmend; später wächst die Buche mehr und mehr in das Kronendach der Kiefern hinauf.

Gelingt eine Vorbesamung auf Buche, welche nicht erzwungen werden sollte, nicht, so wird die rein angebaute Kiefer später im Stangenholzalter, und zwar schon frühzeitig im Alter von etwa 35 bis 40 Jahren, mit Buche in weitem Verband unterbaut.**)

---

*) Ein derartiges wohlgelungenes Verjüngungsbild findet sich im Jagen 88 des Schutzbezirks Melchow der Oberförsterei Eberswalde.

**) Derartige gut gelungene Unterbauflächen finden sich im Schutzbezirk Schönholz (Jag. 16, 34 usw.) der Oberförsterei Eberswalde auf großen zusammenhängenden Flächen. Dieselben wurden von dem damaligen Revierverwalter, jetzigen Oberforstmeister Runnebaum (Erfurt) angelegt. Die Kosten haben 35 Mk. für 1 ha betragen.

3. Entstehung der reinen Buchenbestände. Für das Vordringen der Buche liefern weiterhin die im Schutzbezirk Bornemannspfuhl, z. T. auch Eberswalde gelegenen etwa 90 bis 100 jährigen zusammenhängenden reinen Buchenbestände der Jagen 74—77, 108, 109 einen besonders interessanten Beleg. Der Vorbestand war um 1780—1800 ein lichtständiger Plentersamenschlag, in dem die Kiefer noch vorherrschend war, die Buche zu etwa 20 bis 30 % im Oberholz sich eingemischt vorfand. Die günstigen Buchenmastjahre um die Wende des 18. und 19. Jahrhunderts, insbesondere das reiche Buchenmastjahr von 1811 haben auf großen Flächen eine so dichte Buchenansamung erzeugt, daß die Kiefer fast vollständig verschwunden ist, und heute vom Forstmann ein reines Buchengebiet durchwandert wird, wo einst die Kiefer die führende Holzart war.

4. Entstehung der jüngeren unter 75jährigen, zumeist reinen Kiefernbestände. Alle bisher geschilderten Beispiele des Vordrängens der Buche sind typisch für die heutigen über 75jährigen Bestände, insoweit es sich um die in großer Ausdehnung vorhandenen guten Sandböden mit mehr oder minder starker Lehmbeimengung oder mit Lehm- bezw. Mergeluntergrund handelt. Diese interessante Tatsache fällt mit dem Wendepunkt in der Art der Verjüngung um 1820 bis 1830 zusammen. Bis dahin war die Naturverjüngung der Kiefer, insbesondere der Mischbestände von Kiefer und Buche, im allgemeinen gut gelungen, seitdem wollten die natürlichen Verjüngungen nicht mehr geraten; sie wurden nunmehr vom Kahlschlage mit folgender künstlicher Kultur der Kiefer mehr und mehr, und schließlich ganz verdrängt. Dieser Wendepunkt fällt etwa mit der Gründung der Forstakademie vor nunmehr 75 Jahren zusammen, nachdem schon um das Jahr 1820 das Mißlingen der Naturverjüngungen der Kiefer seinen Anfang genommen hatte.

Die heutigen Kiefernbestände unter 75 Jahren sind bereits größtenteils aus künstlicher Kultur, teils Saat, teils Pflanzung, hervorgegangen. Zunächst war man von Plentersamenschlag zum anderen Extrem, dem Großkahlschlag, übergegangen, dem erst unter Danckelmann der Schmalschlag folgte. Hier tritt sofort die Beimischung der Buche erheblich zurück, vielfach fehlt die Buche schon gänzlich. Seitdem sind sogar zahlreiche frühere überwiegend reine Buchenbestände*) in

*) Westlich des Nonnenfließes in den Jagen 53—55.

Kiefernbestände — allerdings mit vielfach noch reichlicher Buchenbeimischung — übergegangen. Die künstliche Kultur der Kiefer hat umgekehrt eine fortdauernde Zurückdrängung der Buche zur Folge gehabt. Wenn auch vielerorts die Buche sich allmählich wieder von selbst einfindet, so sollte doch ihre Einmischung durch künstlichen Unterbau auf allen geeigneten, besseren, zum Teil auch mittleren Standorten fleißig gefördert werden, um hier der Nachwelt wieder ebenso ansehnliche Altbestände von Kiefer mit Buche überliefern zu können, wie sie uns von unseren Vorfahren hinterlassen wurden.

Die Erhaltung eines guten Bodenzustandes und damit der Bodenkraft ist in der Oberförsterei Eberswalde auf ausgedehnten Flächen auf das engste verknüpft mit der Erhaltung einer angemessenen Buchenbeimischung in den Kiefernbeständen.

Fehlt oder verschwindet die Buche, so stellt sich meist starker Graswuchs, mehr noch die Heidelbeere mit starker Rohhumusbildung ein. Bodenrückgang und bedeutende Erschwerung der Kulturen geht hiermit Hand in Hand.

5. **Die Geschichte der Eiche.** Vor 100—150 Jahren war die Eiche zumeist schon in nutzbaren Stärken in den meisten Beständen weitaus reichlicher vertreten, als dies heute der Fall ist. Vielerorts trat die Eiche auf kleineren Flächen sogar bestandesbildend auf. Mit der Räumung und Verjüngung der alten Plenterschläge fiel auch die Eiche, für ihre Erhaltung geschah so gut wie nichts, sodaß sich heute nur noch Reste alter Eichen vorfinden, die damals vom Hiebe verschont blieben. Diese vereinzelt, zum Teil auch in kleinen Gruppen, heute noch vorfindlichen Eichen sind zumeist 200—250 Jahre alt; offenbar hat man damals alle zum Hieb noch zu schwachen Eichen, die aber immerhin schon etwa 100jährig waren, übergehalten.

Die mittleren Altersklassen der Eiche fehlen gänzlich. Erst seit etwa 40 Jahren hat man die Nachzucht der Eiche wieder betrieben, zumeist im Vorverjüngungsbetrieb durch horst- und gassenweisen Einbau, zum geringeren Teil durch flächenweisen Anbau nach vorhergegangenem Kahlhieb oder im Schirmschlag. Zumeist finden sich — mit Ausnahme des isolierten Schutzbezirks Tiefensee — nur wenige für die Eiche wirklich geeignete Standorte. Trotzdem ist der gruppenweise Eichenvoranbau, und zwar lediglich aus Gründen des Versuchs, um die untere Grenze der Anbaumöglichkeit festzustellen, in einer Anzahl von Beständen durchgeführt worden.

6. **Die Hainbuche** ist der Buche fast überall mehr oder minder reichlich beigemischt gewesen und tritt auch heute noch oft flächenweise rein als Unterstand unter der Kiefer auf.

7. **Die Birke** hat im 18. Jahrhundert eine erhebliche Verbreitung in den meisten Beständen gehabt, nicht nur in Einzelmischung, sondern vielmehr auch flächenweise, oft jagenweise vorherrschend. Seit dem Falle der Naturverjüngung ist auch die Birke mehr und mehr zurückgegangen. Sie findet sich heute nur noch als Einzel- und Gruppenmischung.

8. **Die Erle** hat von jeher nur ein bescheidenes Verbreitungsgebiet gehabt. Sie findet sich nur in kleinen, nassen Senken und an Wasserläufen, so z. B. am Nonnenfließ.

9. **Die sonstigen heimischen Holzarten** sind nur spärlich vertreten. Rüster und Ahorn kommen von Natur nur vereinzelt auf dem Schwemmland des Nonnenfließtales vor. Esche, Fichte, Lärche und Akazie sind künstlich als Mischhölzer angebaut und gehören der Neuzeit an.

10. **Die ausländischen Holzarten** sind seit den 70er Jahren des vorigen Jahrhunderts in allen wichtigeren Arten auf zahlreichen Einzelflächen, insbesondere in dem zu Versuchszwecken dienenden Plenterwald in der Umgebung von Eberswalde zumeist horstweise angebaut. Die Anbauversuche sind zurzeit insoweit abgeschlossen, als Neuanlagen nicht mehr erfolgen. Die Pflege der jetzt zum Teil schon bis 30jährigen Ausländerbestände und die Beobachtung ihrer Entwicklung bildet die gegenwärtige Aufgabe in der Fortführung der Versuche.

II. Der heutige Waldzustand und Wirtschaftsbetrieb.

1. Der heutige Waldzustand als Ergebnis eines über 100jährigen pfleglichen Forstwirtschaftsbetriebs.

Der überaus mangelhafte Waldzustand um die Mitte und das Ende des 18. Jahrhunderts wurde schon hervorgehoben. Der ehemalige massenarme Plenterwald mit allen Holzarten und Altersklassen im regellosen Gemenge ließ die im Jahre 1781 eingeführte Schlageinteilung nach der Instruktion Friedrichs des Großen schon bald als eine ungeeignete Methode der Betriebseinrichtung erkennen. Denn neben dem

Hieb des ordentlichen Jahresschlages mußte in den meisten anderen Schlägen der Plenterhieb fortgesetzt werden. So wurde bereits 1787 eine Neuregelung nach dem sogenannten Hennertschen Fachwerk, unter Einführung der Jageneinteilung (Quadratjagen) vorgenommen. Der alte Hiebssatz von 1781, welcher für das ca. 7000 ha große, alte Biesenthaler Forstrevier noch etwa 16000 fm jährlich betragen hatte, wurde mit Rücksicht auf den mangelhaften Waldzustand auf die Hälfte ermäßigt.

Eine neue Abschätzung erfolgte schon wieder in den Jahren 1798 und 1799, auf Grund des 1796er von Arnimschen Reglements, welches das Hennertsche Verfahren modifizierte. Damals wurde innerhalb der Jagen die erste Abteilungsausscheidung vorgenommen. Die damalige Durchführung kann als musterhaft bezeichnet werden. Der Abnutzungssatz erfuhr abermals eine geringe Ermäßigung.

Das Jahr 1818 brachte ein neues, umfangreiches Abschätzungswerk, welches bereits vollkommen auf dem Boden der im folgenden Jahre erschienenen Hartigschen Instruktion vom 13. Juli 1819 steht, als vollkommen durchgebildetes Massenfachwerk. Es wurde damals der überaus günstige Einfluß der niedrigen Hiebssätze von 1787 und 1798 hervorgehoben. Der neue Abnutzungssatz, der an sich noch immer sehr niedrig war, erfuhr gegen den Stand von 1798 dank der Einsparungen von 30 Jahren zum ersten Male eine Erhöhung.

Die tatsächlichen Massenerträge übertrafen jedoch in der Folge erheblich die vorsichtig gegriffenen Schätzungen des Jahres 1818.

Die Scheu, das Mehr gegen die Schätzung der Instruktion gemäß zum Hieb zu bringen, führte im Jahre 1831 zu einer neuen summarischen Ertragsermittlung, „Superficielle“, nach dem Durchschnittszuwachs, welche den Hiebssatz vom Jahre 1818 fast in gleicher Höhe beibehielt.

Eine neue Taxation fand im Jahre 1838 auf Grund der vom Oberlandforstmeister von Reuß erlassenen Anweisung vom 24. April 1836 statt. Unter Verschmelzung der Hartigschen und Cottaschen Lehren wurde das Massenfachwerk mit dem Flächenfachwerk kombiniert, und hiermit der Anbahnung eines normalen Altersklassenverhältnisses zum erstenmal in bestimmter Form Rechnung getragen. Der Einschlag erfuhr gegen die summarische Taxation von 1838 abermals eine wesentliche Ermäßigung, welche mit dem Mangel an haubarem Holz begründet wurde.

Im Jahre 1858 erfolgte durch Tilmann eine umfangreiche Neutaxation, unter Leitung des Akademiedirektors, Oberforstrats Dr. Pfeil. Auch dieses Betriebswerk steht noch auf dem Boden des kombinierten Fachwerks nach Fläche und Masse. Der Einschlag stellte sich nur um ein geringes höher als derjenige des Jahres 1838, war also abermals sehr mäßig gegriffen.

Das Jahr 1879 brachte die Teilung des alten Gesamtreviers in die heutigen Oberförstereien Eberswalde und Biesenthal und eine neue Betriebseinrichtung, ausgeführt von Riebel, unter Leitung des damaligen Akademiedirektors, Oberforstmeisters Dr. Danckelmann. Der Hochwald wurde nach dem Flächenfachwerk mit Ermittlung der Holzmasse nur für die I. Periode eingerichtet. Außerdem wurden 3 Plenterwaldblöcke (2 bei Eberswalde, 1 am Nonnenfließ bei Liesenkrüz) als Schönheitswaldungen und zu Versuchszwecken eingerichtet.

Im Jahre 1888 fand eine kurze Revision durch Wrobel, im Jahre 1898 für die Oberförsterei Eberswalde eine teilweise Neutaxation durch Borgmann statt, veranlaßt durch die Ausscheidung bedeutender Flächen von Kiefernstangenhölzern auf altem Ackerboden zum Plenterbetrieb, welche vom Wurzelpilz (Polyporus annosus) stark befallen sind.

Der Abnutzungssatz hat seit dem Jahre 1879, insbesondere aber im Jahre 1898, eine wesentliche Erhöhung erfahren. Der heutige Waldzustand weist nicht unerhebliche Überschüsse in den älteren, insbesondere in der ältesten Altersklasse auf.

Vergleicht man hiermit den mangelhaften Zustand des Waldes um 1750—1800 und die Tatsache, daß noch im Jahre 1838 ein Mangel an Altholz vorlag, so muß der heutige gute Waldzustand mit großer Befriedigung erfüllen, der das Ergebnis einer über 100 Jahre lang konsequent durchgeführten pfleglichen Wirtschaft darstellt!

2. Der heutige Wirtschaftsbetrieb.

a) In taxatorischer Beziehung.

Der Boden gehört dem Diluvium der Norddeutschen Tiefebene an, teils als reiner Sand, teils als Diluvialmergel und -Lehm, sowie in verschiedenen Übergangsformen zwischen beiden vom reinen Sand bis zum reinen Lehm. Die Bodenklassen, bezogen auf die Kiefer als vorherrschende und überwiegend standortsgemäße Holzart, verteilen sich folgendermaßen:

	I	II	III	IV	V
Bonität	I	II	III	IV	V
Flächenanteil	5 %	45 %	40 %	10 %	—

Nach dem Abschluß der letzten vom Verfasser für den Waldzustand vom 1. Oktober 1898 unter Danckelmann und Möller bearbeiteten Betriebseinrichtung verteilen sich die Waldflächen folgendermaßen:

Revierfläche: 3970 ha Holzboden, 150 ha Nichtholzboden, darunter ertraglos 63 ha; Gesamtfläche 4120 ha.

Die Holzbodenfläche verteilt sich folgendermaßen:

α) Hochwald, 5 Blöcke (einschließlich Tiefensee):

Holzart	Flächeninhalt nach Altersklassen							Darunter enthalten an Verjüngungsschlägen	Im ganzen
	I. Klasse über 100 Jahre	II. Klasse von 81-100 Jahre	III. Klasse von 61—80 Jahre	IV. Klasse von 41—60 Jahre	V. Klasse von 21—40 Jahre	VI. Klasse von 1—20 Jahre	Blößen und Räumden		
	Hektare								
Eiche . . .	7,6	—	7,1	—	10,6	67,1	2,0	—	94,4
Buche . . .	7,6	67,2	40,1	0,7	16,4	1,2	—	340,7 (Buche bis Fichte)	133,2
Birke . . .	—	—	—	—	1,0	11,4	—		12,4
Erle	—	—	—	—	1,8	0,5	—		2,3
Kiefer . . .	751,0	337,0	559,8	540,3	509,3	413,9	9,1		3120,4
Fichte . . .	—	—	—	—	4,5	11,6	0,2		16,3
Summa . .	766,2	404,2	607,0	541,0	543,6	505,7	11,3	—	3379,0
						517,0 (VI. + Blößen)			
Normal . .	563,2	563,2	563,2	563,2	563,1	563,1 . .			. . = 3379,0
Mithin +	203,0	—	43,8	—	—	—			
Mithin —	—	159,0	—	22,2	19,5	46,1			
	+ 87,8 (I.–III.)			— 87,8 (IV.–VI.)					

β) Parkplenterwald:

2 Blöcke, Kiefer (bei Eberswalde), überwiegend Altholz	. .	187,0 ha,
1 Block, Buche (bei Liesenkrüz), überwiegend Altholz	. . . .	32,0 „

γ) Plenterwald auf altem Ackerboden, überwiegend Kiefernstangenhölzer:

2 Blöcke in Melchow 2 „ „ Tiefensee	. . . .	370,0 „

δ) Niederwald, Weidenheeger . . . . 2,0 „

im ganzen . . . 3970,0 ha.

Der Betriebsplan für den Hochwald, welcher auf Danckelmanns Anordnung noch als vollkommenes Flächenfachwerk für alle sechs Perioden des I. Umtriebs von 120 Jahren durchgeführt wurde, überweist mit Rücksicht auf den Überschuß an haubarem, vielfach schon erheblich vom Baumschwamm befallenen Kiefernaltholz der I. Periode eine verstärkte Fläche von 590 ha, gegen die normale Fläche von 563 ha also ein Mehr von 27 ha. Der Umtrieb beträgt im Mittel 120 Jahre mit der Maßgabe, daß in der Einreihung der Einzelbestände in den Betriebsplan für die besten Kiefernstandorte über den 120jährigen Umtrieb noch um 10 bis 20 Jahre hinausgegangen werden darf, während für die gering mittleren und geringen Standorte der Umtrieb auf 100 bis 80 Jahre zu ermäßigen ist. Für die Buchenbestände, mit Ausnahme der in Kiefer umzuwandelnden geringwüchsigen Orte, liegt ebenfalls der 120jährige Umtrieb zu Grunde. Die Eiche soll im 160jährigen Umtrieb bewirtschaftet werden, die Erle im 40jährigen Umtrieb, im Anschluß an den Hochwaldbetriebsplan.

Im Parkplenterwald liegt ein 120jähriger Umtrieb und eine 10jährige Umlaufszeit zu Grunde. Jeder Block ist demgemäß örtlich in 10 Schläge eingeteilt. In jedem Schlag ist unter Erhebung der gesamten vorfindlichen Holzmasse und des Zuwachses nach Massenaltersklassen der Hiebssatz nach verschiedenen Methoden berechnet worden, wodurch sich ein Minimal- und ein Maximalhiebssatz ergab. Innerhalb dieser Unter- und Obergrenze wurde in Ansehung der bereits verjüngten Fläche derjenige Hiebssatz ausgewählt, welcher dem waldbaulichen Bedürfnis des einzelnen Schlages am besten entsprach.

Im Plenterwald auf altem Ackerboden fand ebenfalls eine örtliche Einteilung in je 10 Schläge für den Block statt. Der Hiebssatz wurde für jeden Schlag durch Schätzung in Ansehung der vorfindlichen Pilzlücken ermittelt.

Der Hieb in den Plenterwaldblöcken ist im einzelnen an den für diese veranschlagten Hiebssatz nicht gebunden. Daselbst erfolgende Mehr- oder Mindererträge werden in der Hauptnutzung des Hochwaldes alljährlich ausgeglichen. Bindend ist nur der Gesamtabnutzungssatz an Derbholz für die Hauptnutzung im Hochwald und Plenterwald zusammen.

Die abteilungsweise geschätzten Vornutzungshiebe sind nicht an den Massenhiebssatz, sondern nur an die jährliche Mindest-Durchforstungsfläche bei 10jähriger Wiederkehr der Durchforstungen gebunden.

Der gültige Abnutzungssatz vom 1. Oktober 1898 beträgt jährlich:

1. Derbholz.

a) Hauptnutzung Hochwald und Plenterwald.

Jährliche Hiebsfläche im Hochwald 30 ha.

Eiche	264	fm
Buche	1 069	„
Weichholz . .	106	„
Kiefer	10 536	„
zusammen:	11 975	fm = 3,02 fm pro Jahr u. ha.

b) Vornutzung im Hochwald.

Jährlich zu durchforstende Fläche 254 ha.

Eiche	25	fm
Buche	274	„
Weichholz . .	64	„
Kiefer	2 804	„
zusammen:	3 167	fm = 0,94 fm pro Jahr u. ha.

c) im ganzen: 15 142 „ = 3,82 „ „ „ „ „

2. Nichtderbholz.

a) Stockholz . . .	1 105	fm = 0,28 fm pro Jahr u. ha.
b) Reisig	2 312	„ = 0,58 „ „ „ „ „
zusammen:	3 417	fm = 0,86 fm pro Jahr u. ha.

3. Gesamte Holzmasse.

18 559 fm = 4,68 fm pro Jahr u. ha.

Der jährliche Kulturgelderbedarf (einschließlich der Wegeunterhaltungskosten) berechnet sich auf 10 300 Mk. oder 2,59 Mk. für 1 ha Holzbodenfläche.

b) In waldbaulicher Beziehung.

α) Hauungsbetrieb.

Im Kiefernhochwald werden zwei hauptsächliche Verjüngungsformen unterschieden:

1. Der reine Kiefernhochwald und der Mischwald von Kiefer und Buche auf ausgesprochenen Kiefernböden.

Hier ist zufolge der bedeutenden Maikäferkalamität auf den aneinandergereihten Großkahlschlägen in den 80er Jahren des letzten Jahrhunderts von Danckelmann die Kulissenschlagwirtschaft in Schmalschlägen eingeführt worden. Der heutige Betrieb beschränkt sich im wesentlichen noch auf den Abtrieb der letzten Kulissenstreifen.

Der Anbau der Kiefer erfolgt durch Streifensaat oder Pflanzung.

Infolge verschiedener Nachteile der Kulissenschlagwirtschaft auf den besseren Standorten (Verangerung der letzten Bestandesstreifen, zunehmende Schwierigkeit der Kultur auf den spätern Kahlhiebsstreifen, Bildung von Steilrändern an den ersten Kulturstreifen, ungünstiges Verhalten der Schattenstreifen in den Schmalschlägen, Schwierigkeit der Holzfällung, -aufarbeitung und -abfuhr, hohe Kosten für die bedeutende Länge der Rüsselkäfergräben usw.) soll diese Schlagführung aufgegeben werden. An ihre Stelle treten innerhalb des Jagens Hiebszüge mit aneinandergereihten ca. 80 m breiten Kahlschlägen in ca. vier- bis sechsjährigen Zeitintervallen, sobald die voraufgegangene Kultur im wesentlichen gesichert ist.

Auf den geringeren Böden von der III. Bonität abwärts hat sich die Kulissenschlagwirtschaft günstiger verhalten und soll daselbst z. T. auch beibehalten werden.

Der systematische Überhalt von Kiefern ist ebenfalls aufgegeben worden, desgleichen der bisher übliche Überhalt von Buchenstangen.

2. Der Mischhochwald von Kiefer und Buche mit Einmischung edler Laubhölzer, insbesondere der Eiche.

Der Hieb zerfällt hier in zwei Zeitabschnitte:

a) Die Vorverjüngung auf Eiche in Gruppen oder Gassen durch Saat oder Pflanzung, auf Buche durch Naturbesamung im dunklen Schirmschlag behufs Erzielung einer dünn verteilten Vorbesamung.

b) Die Hauptverjüngung auf Kiefer durch allmähliche Räumung in kleinen Kahlschlägen mit künstlichem Anbau der Kiefer durch Pflanzung.

Die reinen Buchenbestände stehen zurzeit noch in der II. und III. Periode, insoweit sie als künftiger Mischhochwald mit edlen Holzarten behandelt werden sollen.

Der Durchforstungsbetrieb wird nach den von der Wissenschaft vorgezeichneten Grundsätzen, unter Berücksichtigung der von Fall zu Fall sich ergebenden besonderen örtlichen Verhältnisse, sinngemäß gehandhabt. Eine intensive Bestandespflege mit Aushieb kranken Materials (Kienzopf, Schwamm) bildet die Regel. Ihre Durchführung wird bei vorhandenem Zwischen- und Unterstand der Buche im Kieferngrundbestand erheblich erleichtert. Der Buchenersatzbestand ermöglicht eine freie Hiebsführung in der Kiefer ohne Gefährdung der Bodenkraft.

β) Kulturbetrieb.

Der künstliche Anbau der Kiefer bildet die Regel, und zwar auf mittleren und geringen Böden in ebener Lage durch Saat in Pflugfurchen oder auf abgeplaggte Streifen, die nachgelockert werden. Verband 1,2 bis 1,3 m. Saatmenge 4 kg Kiefer, ohne Beimischung von Fichte oder Lärche. Kosten*) einschließlich des Saatguts 50 bis 60 Mk. für 1 ha.

In allen anderen Fällen, insbesondere auf graswüchsigen Böden, in hügeligen Lagen und bei vorhandener Buchenvorbesamung findet die Kultur der Kiefer überwiegend durch Pflanzung in Wühl- oder Grabelöcher in 1,3 m Quadratverband, auf einen Pflanzplatz je 2 bis 4 einjährige oder je 2 zweijährige, verschulte Kiefern statt. Kosten*) ohne Wert des Pflanzenmaterials 70 bis 90 Mk. für 1 ha.

Nachbesserungen werden teils mit einjährigen Kiefern, teils mit zweijährigen Kiefern und Kiefernballen nach bekannten Grundsätzen ausgeführt.

In neuerer Zeit werden die Kulturen der Kiefer überwiegend mit den Spitzenbergschen Geräten, insbesondere mit dem Wühlspaten und Pflanzholz, mit gutem Erfolg ausgeführt. Eine Kostenersparnis ist nur auf den leicht zu bearbeitenden Böden festgestellt worden.

*) Der Männertagelohn beträgt 2,50 Mk.

Ein Anbau der Eiche findet gegenwärtig, mit Ausnahme auf den ausgesprochenen Eichenböden des isolierten Schutzbezirkes Tiefensee, nicht statt, da im Hauptkomplex des Reviers die Räumungsschläge in der großen Zahl der angehauenen Kiefernbestände den Schwerpunkt des Betriebs noch für längere Zeit bilden, und zudem wirklich geeignete Anbauflächen für die Eiche im Hauptrevier nur in geringer Zahl vorhanden sind.

Die Buche, sowie auch die Hainbuche wird im wesentlichen nur als Unterbau in Kiefernstangenhölzern auf besseren Böden, sowie auf altem Ackerboden verwendet.

Die Fichte wird ebenfalls nur in geringem Umfang als letzte Nachbesserung auf kleinen Lücken oder für Weihnachtsbaumanlagen verwendet.

Der Anbau der Lärche wird ihres ungünstigen Verhaltens wegen nicht weiter betrieben.

Der Anbau edler Laubhölzer (Esche, Ahorn, Rüster) ist in den günstigen Lagen am Nonnenfließ und an der Schwärze fortgesetzt worden, meist als Lohdenpflanzung, z. T. als Heisterpflanzung.

Die Akazie hat als Einbau in Absterbelücken der Kiefernstangenhölzer auf altem Ackerboden durch Lohdenpflanzung in Grabestreifen ausgedehnte Verwendung mit gutem Erfolg gefunden.

Auf eine gute Instandhaltung der Wege usw., die zum Teil als Knüppelbahnen ausgebaut sind, wird besondere Sorgfalt verwendet.

Der Läuterungsbetrieb, insbesondere in den zahlreichen Anbauflächen von ausländischen Holzarten, in den Eichen- usw. Voranbauhorsten und -gassen, sowie in den Kiefernjungwuchs-Flächen ist ein ziemlich umfangreicher.

c) Die Ergebnisse der Forstverwaltung.

Die Holzverwertung kann als günstig bezeichnet werden. Die Handelshölzer der Kiefer (Bau- und Schneideholz) werden überwiegend auf großen gemeinsamen Verkäufen (vier Lehrreviere zusammen) verwertet. Das Kiefernbrennholz wird ebenfalls zum Teil als Handelsware hauptsächlich nach Berlin verkauft. Aus den Durchforstungen wird alljährlich eine nennenswerte Menge Grubenholz vorwiegend nach Westfalen, zum Teil über Stettin nach England abgesetzt. Der Preis des Buchenholzes, ganz überwiegend Brennholz, ist mittelmäßig. Eiche wird befriedigend bezahlt.

Der Verwertungspreis für 1 fm Bau- und Nutzholz im Mittel aus allen Holzarten der Haupt- und Vornutzung zusammen betrug 1904 rund 15 Mk., für 1 fm Brennholz 4,74 Mk., für 1 fm Derbholz 11,72 Mk., Richtderbholz 3,32 Mk., für 1 fm gesamte Holzmasse 10,20 Mk.

Das Nutzholzprozent vom Derbholz betrug 1904 im Mittel aus allen Holzarten der Haupt- und Vornutzung zusammen 66.

Der Reinertrag betrug bei durchschnittlich 3970 ha nutzbarer Fläche:

Etats-Jahr	im ganzen Mark	für 1 ha Mark	
1888	111 195	27,30	
1896	129 464	31,80	
1900	183 868	45,31	Seit 1. Oktober 1898 erhöhter Abnutzungssatz (3 fm Hauptnutzung, 1 fm Vornutzung, Derbholz)
1901	185 034	45,60	
1902	175 313	43,21	
1903	181 751	44,79	
1904	160 606	39,58	

B. Besonderer Teil.

Die für die Waldgeschichte und -wirtschaft typischen Einzelbestandesbilder in den Schutzbezirken Eberswalde und Bornemannspfuhl.

I. Schönheitsplenterwald bei Eberswalde

(Schutzbezirk Eberswalde).

Block VI. Boden: Diluvialsand, z. T. schwach lehmig, Lehm sehr tiefliegend und nur im N. erreicht. Kiefer II. u. II./III. 95 ha. Durchschnittliche Schlaggröße 9,5 ha. Bestand: Kiefer mit Buche.

Durchschnittlicher Hiebssatz im Jahresschlage 450 fm Derbholz, oder pro Jahr und Hektar 4,8 fm = 13 % Abnutzung der zur Zeit des Hiebes durchschnittlich stehenden Holzmasse.

1. **Jagen 169,** Schlag III. (Vom Hagen-Denkmal an der Stadtwaldgrenze entlang, rechts vom Wege.) Kiefer II. Bonität.

Altholzvorrat: 280 fm Kiefer und 85 fm Buche = 365 fm Derbholz pro Hektar.

Verjüngungsschlag im Plenterwald: Licht- und Räumungsschlag von Kiefer und Buche über 10—17jährigen Buchenaufwuchs aus Naturbesamung (1888, 90 ff.). Beispiel des Vordrängens der Buche. Keine Bodenbearbeitung. Im Schönheits-Plenterwald erscheint die Beibehaltung kleinerer reiner Buchenflächen zulässig. Nach Räumung und Erweiterung in kleinen Kahlschlägen soll die Kiefer auf letzteren durch Pflanzung angebaut werden. Eine reichliche Einmischung der Buche, die sich fast überall angesamt hat, ist gesichert.

2. **Jagen 133 B,** Schlag X. Kiefer II. Bonität.

Altholzvorrat: 200 fm Kiefer, 80 fm Buche = 280 fm Derbholz pro Hektar.

0,15 ha Chamaecyparis lawsoniana 22jährig.

3. **Jagen 133 B,** Schlag IX. Kiefer II. z. T. II/III. Bonität. Rechts vom Fußwege 0,15 ha Larix leptolepis 12jährig.

4. **Jagen 169,** Schlag II. Kiefer II. Bonität.

0,20 ha Pseudotsuga douglasii, 27—30jährig, gemischt mit gleichalten Fichten, wenigen Weymouthskiefern und 20jährigen Sitka-Fichten.

5. **Jagen 134 B,** Schlag VII. Kiefer II./III. Bonität.

0,10 ha Abies concolor, 12jährig, z. T. mit Abies nobilis gemischt.

6. **Jagen 169,** Schlag I. Kiefer II./III. Bonität.

0,10 ha Pseudotsuga douglasii 23—30jährig mit Picea Sitchensis. Am Rand einzelne sperrwüchsige 27jährige Acer negundo.

0,12 ha Picea sitchensis 23—30jährig, mit einzelnen Fichten.

0,15 ha Erweiterungshieb, Pseudotsuga douglasii 5—8jährig.

7. **Jagen 134 B,** Schlag VII. Kiefer II./III. Bonität.

0,30 ha Chamaecyparis lawsoniana 22jährig und 12jährig.

0,30 ha Picea sitchensis 22jährig und 10jährige Picea pungens und Engelmanni (früher durch Graswuchs stark verdämmt).

8. **Jagen 135 B,** Schlag VI. Kiefer II./III. Bonität.

0,10 ha Thuja Gigantea 24jährig.

Grenze des Plenterwaldblockes.

II. Hochwald

(Schutzbezirke Eberswalde und Bornemannspfuhl.)

9. Jagen 135 A, Abt. a. Boden: Ziemlich humoser, frischer Diluvialsand. Kiefer II./III. und II. Bonität.

Kiefer, $\frac{75-85}{77}$ jährig, mit Buchen- und Hainbuchen-Unterstand 0,8 bestanden.

Vorbestand 1818: Kiefer 100—120jährig im lichten Plentersamenschlag mit Buche, Eiche, Birke, 97 fm pro Hektar.

Heutiger Bestand: Aus Naturbesamung 1820—30 mit künstlicher Beihilfe durch Saat.

Erträge: 1858—98 = 66 fm Derbholz
1902 = 34 „ „ (Durchforstung)

Summe = 100 fm Derbholz.

10. Jagen 134 A. Boden: Schwachlehmiger Sand auf tiefliegendem Lehm. Kiefer II. Bonität.

Versuchsfläche für Kiefernlichtungsbetrieb mit Buchen-Unterbau. Heidelbeere durch den Unterbau verschwunden.

Im Jahre 1900 wurde durch Waldbrand ein Teil des Unterbaus vernichtet. Die Ergebnisse sind nicht beweiskräftig. Statt dessen werden hier die Ergebnisse der Versuchsflächen in Jagen 16, Schutzbezirk Schönholz, angefügt. *)

*) Die im Jagen 16 des Schutzbezirks Schönholz gelegenen Versuchsflächen für Kiefernlichtungsbetrieb mit Buchenunterbau auf II. Standortsklasse (humoser, lehmiger Sand auf Lehm) haben seit dem Beginn des Versuches im November 1886 bis zur letzen Aufnahme im Oktober 1902, somit in 16 Zuwachsjahren folgendes ergeben:

Fläche I. Starke Durchforstung.

	Alter	Stammzahl	Kreisfläche qm	Durchschnittliche Stammstärke in 1,3 m cm	Derbholzertrag fm
Stand 1902 . . .	71	488	31,1	28,5	—
Erträge seit 1886 .	—	404	11,8	—	**107**
Summa	—	—	42,9	—	—
Stand 1886 . . .	55	892	32,2	21,8	—
Gesamtzuwachs .	—	—	**10,7**	6,7	—
oder jährlich . . .	—	—	**0,67**	**0,42**	—

11. Jagen 105 b. Die „Königskiefer".
Alter: 180jährig.
Durchmesser in 1,3 m: 86 cm.
Durchmesser in 8,0 m: 73 „
Höhe : 28,5 m.
Derbholz : 8,0 fm.
Formzahl : 0,49.

Fläche II. Lichtung auf 73% der Stammgrundfläche von Fläche I.

	Alter	Stamm-zahl	Kreis-fläche qm	Durchschnittliche Stammstärke 1,3 m cm	Derbholz-ertrag fm
Stand 1902 . . .	71	276	22,7	32,3	—
Erträge seit 1886 .	—	588	21,2	—	**191**
Summa	—	—	43,9	—	—
Stand 1886 . . .	55	864	33,8	24,1	—
Gesamtzuwachs .	—	—	**10,1**	8,2	—
oder jährlich . . .	—	—	**0,63**	**0,51**	—

Fläche III. Lichtung auf 68% der Stammgrundfläche von Fläche I.

	Alter	Stamm-zahl	Kreis-fläche qm	Durchschnittliche Stammstärke 1,3 m cm	Derbholz-ertrag fm
Stand 1902 . . .	71	280	21,2	31,0	—
Erträge seit 1886 .	—	736	24,5	—	**221**
Summa	—	—	45,7	—	—
Stand 1886 . . .	55	1016	35,0	23,3	—
Gesamtzuwachs .	—	—	**10,7**	7,7	—
oder jährlich . .	—	—	**0,67**	**0,48**	—

Ergebnis: Die Zuwachsleistung an Kreisfläche ist seit 16 Jahren auf allen 3 Flächen annähernd die gleiche gewesen, obwohl die Fläche II. auf 73%, die Fläche III. sogar auf 68% der Stammgrundfläche der starkdurchforsteten Vergleichsfläche I gelichtet wurde. Dabei hat bisher die Fläche I bereits 11,8 qm mit 107 fm Derbholz
hingegen „ „ II „ 21,2 „ „ 191 „ „
„ „ III „ 24,5 „ „ 221 „ „
geliefert.

Der aus Plätzesaat in 2:2,5 m Verband mit einem Kostenbetrag von 35 Mk. pro ha hervorgegangene jetzt 25jährige Unterbau ist dicht geschlossen, 4—6 m hoch, gutwüchsig; Bodenzustand: humos und frisch bei rasch verwesender, dünner Laubdecke. Die gute Zuwachsleistung der Kiefer dürfte dem günstigen Einfluß des Buchenunterholzes auf die Bodenfrische zu verdanken sein.

12. Jagen 105 b. Boden: Frischer, z. T. mäßig frischer, ziemlich humoser Sand auf tiefliegendem Lehm. Kiefer von II. bis III. wechselnd.

Kiefer $\frac{55-65}{62}$ jährig, mit spärlichem Buchen- und Hainbuchenunterstand, horstweise übergehaltene reine Buchen mit Hainbuchen, einzelne geringwüchsige Starkholzeichen (Überhalt); 0,9, z. T. 0,8 bestanden.

Vorbestand 1840: Kiefer 100—130jährig, lichtständig mit alten Buchen und Eichen einzeln und gruppenweise. Abtriebsertrag 200 fm Derbholz.

Heutiger Bestand: 1840—50 Naturverjüngung versucht, aber gänzlich mißlungen, Buchenvorwuchshorste wurden erhalten, ältere Eichen, sowie Kiefern wurden einzeln übergehalten. Der heutige Bestand ist zum größten Teil aus Streifensaat entstanden.

Besonders im Westen ungünstiger Bodenzustand durch Heidelbeerwuchs und Rohhumusbildung zufolge mangelnder Buchenbeimischung, daselbst auch Nachlassen im Wuchs.

13. Jagen 106 a$_{2-8}$. Gering humoser Diluvialsand, ziemlich bis mäßig frisch. Kiefer II./III.

Beendete Kulissenschlagverjüngung der Kiefer.

Die älteren Kulturstreifen 17jährig aus Mischstreifensaat von Kiefer, Fichte, Lärche in Hackstreifen.

Die jüngeren Kulturstreifen Kiefer 2—5jährig aus Streifensaat, z. T. in Pflugfurchen, z. T. auf abgeplaggte Streifen, die teils mit der eisernen Harke, teils mit dem Spitzenbergschen Wühlrad gelockert sind. Einsaat teils mit 6, teils 4 kg pro Hektar.

Bedeutende Rohhumusbildung, z. T. infolge geringer Buchenbeimischung (nur 20 fm pro Hektar) im Vorbestand, z. T. infolge der Kulissenschlagwirtschaft. In den älteren Kulturstreifen stark rückgängige Partien, daselbst Ortsteinbildung.

Durchschnittlicher Ertrag des Altholzvorbestandes 1888—1903: 375 fm Derbholz pro Hektar.

14. Jagen 106 a$_1$. An der „bunten Buche“.

Boden: Frischer, ziemlich humoser Sand auf Lehm über Mergel. Kiefer II. Bonität.

Kiefer, $\frac{120—130}{125}$ jährig, im Schirmschlag, mit Buche und Eiche. 6 Voranbauhorste von Eiche 18jährig und Roteiche 20jährig. 250 fm Derbholz pro Hektar, 0,6 bestanden. Gehauen auf Buchenvorbesamung, welche nicht eingetreten ist; statt dessen vielfach Heidelbeerwuchs eingetreten. Beispiel dafür, daß eine Buchenvorbesamung durch die Hiebsführung nicht erzwungen werden kann, sondern nur da gefördert werden soll, wo sie sich leicht ergibt.

15. Daselbst. Roteichenhorst, 20jährig, raschwüchsig.

16. Jagen 106 und 107. Kiefer, 120jährig, mit reichlichem Buchenunterstand.

Eine Probeuntersuchung über das Auftreten des Kiefernbaumschwamms (Trametes pini) ergab hier ca. 6 % befallene Stämme. Jährlicher Schaden durch den Baumschwamm für die ganze Oberförsterei Eberswalde (4120 ha) 10 000 Mk.*)

17. Jagen 107a. Massenprobefläche für Kiefer mit Buche. Größe 0,107 ha.

Beispiel einer außergewöhnlich hohen Massenleistung auf kleiner Fläche.

Boden: Diluvialsand, sehr humos, frisch und tiefgründig, schwach lehmig auf unterem Geschiebemergel. Schwache Laubdecke, Sauerklee; vorzüglicher Bodenzustand.

Kiefer I./II. Bonität.

Bestand: Kiefer, $\frac{110—140}{120}$ jährig, mit reichem Buchenzwischen- und Unterstand, vollbestanden, gutwüchsig.

Geschichte: Vorbestand um 1780 sehr raumer Plenterbestand von Kiefer mit Buche und etwas Eiche und zahlreichen Birken; Birke flächenweise z. T. rein auftretend.

1786 und 1787 Verjüngungs- und Räumungsschläge, um 1800 bis 1810 letzte Räumungshiebe.

Heutiger Bestand aus Naturverjüngung, Kiefer mit Buche, zumeist gut gelungen.

Erträge 1858—1905 pro Hektar 80 fm Derbholz.

Der heutige Gesamt-Bestand, der noch in der II. Periode steht, besitzt auf 17 ha pro Hektar 450 fm Kiefer und 130 fm Buche = 580 fm Derbholz.

*) Vgl. Zeitschrift für Forst- und Jagdwesen 1904, S. 687 ff.

Die im Juli 1905 aufgenommene kleine Massenprobefläche ergibt für 1 ha die außergewöhnliche Leistung*) von:

Holzart	Stammzahl	Stammgrundfläche qm	Mittelhöhe m	Durchmesser in 1,3 m von cm	bis cm	im Mittel cm	Derbholzmasse fm
Kiefer . . .	**420**	51,8	29	29	52	40	**690**
Buche . . .	365	11,6	23	10	33	20	120
Im ganzen	785	63,4	—	—	—	—	810

Die Derbholzmasse für Kiefer I. Bonität, 120jährig, nach Schwappach (1896) beträgt für den Hauptbestand 590 fm; dieselbe wird somit noch um 100 fm von der Kiefer allein, um 220 fm von Kiefer und Buche übertroffen.

18. Jagen 106 b_2. Massen- und Zuwachsprobefläche für Kiefer mit Buche.**) Größe 1,0 ha. Beobachtungszeit 1898—1905. Behandlung: Nur Totalitätshiebe.

Boden: wie zu Nr. 17, Jagen 107. Kiefer II. Bonität.

Bestand: Kiefer, $\frac{115-130}{120}$ jährig, mit reichem Buchenzwischen- und Unterstand, einzelne Starkholzeichen. Kiefer 0,8 bestanden, Kiefer + Buche 1,0 bestanden. Wüchsig.

Beispiel für normale Massen- und Zuwachsleistung auf zusammenhängenden größeren Flächen.

Holzart	Stammzahl	Stammgrundfläche qm	Mittelhöhe m	Durchmesser in 1,3 m von cm	bis cm	im Mittel cm	Derbholzmasse fm	Massenzuwachsprozent
				1. II. Aufnahme im Juli 1905.				
Kiefer .	**236**	**33,9**	**28,5**	**27,0**	**61,5**	**43,0**	**408,3**	—
Buche .	**462**	**12,2**	**23,0**	**7,0**	**41,0**	**18,5**	**135,4**	—
Eiche .	**6**	**0,7**	**27,5**	**33,5**	**45,0**	**38,0**	**9,4**	—
Summa	**704**	**46,8**	—	—	—	—	**553,1**	—

*) Aufgenommen durch Borgmann im Juli 1905.

**) Aufgenommen durch Borgmann im März 1898 und im Juli 1905.

Holzart	Stammzahl	Stammgrundfläche qm	Mittelhöhe m	Durchmesser in 1,3 m von cm	bis cm	im Mittel cm	Derbholzmasse fm	Massenzuwachsprozent
2. Genutzt sind 1898—1905 (Trocknis in Kiefer, Schneebruch in Buche).								
Kiefer .	14	1,1	27,0	22,0	47,0	32,5	14,0	—
Buche .	43	0,3	14,0	7,0	14,0	9,5	1,8	—
3. Endergebnis an Kreisfläche und Masse für 1905 (Summa 1 u. 2).								
Kiefer .	—	35,0	—	—	—	—	422,3	—
Buche .	—	12,5	—	—	—	—	137,2	—
Eiche .	—	0,7	—	—	—	—	9,4	—
Summa	—	48,2	—	—	—	—	568,9	—
4. I. Aufnahme im März 1898.								
Kiefer .	**250**	**32,7**	**28,0**	**22,0**	**57,5**	**41,0**	**391,7**	—
Buche .	**505**	**11,1**	**22,5**	**7,0**	**38,0**	**17,0**	**116,4**	—
Eiche .	**6**	**0,6**	**27,0**	**32,0**	**43,0**	**36,0**	**8,8**	—
Summa	**761**	**44,4**	—	—	—	—	**516,9**	—
Somit ergibt sich folgende Zuwachsleistung (8 Zuwachsjahre): a) Im ganzen 1898—1905.								
Kiefer .	—	2,3		—	—	2,0	30,6	—
Buche .	—	1,4	0,5	—	—	1,5	20,8	—
Eiche .	—	0,1		—	—	2,0	0,6	—
Summa	—	3,8	—	—	—	—	52,0	—
b) Jährlich.								
Kiefer .	—	**0,29**		—	—	0,25	**3,83**	0,9
Buche .	—	**0,18**	0,06	—	—	0,20	**2,60**	2,0
Eiche .	—	**0,01**		—	—	0,25	**0,08**	0,8
Summa	—	**0,48**	—	—	—	—	**6,51**	—

Die Zuwachsleistung der Kiefer ist insofern bemerkenswert, als der volle Zuwachs eines normal geschlossenen Bestandes (3,7 fm) hier von dem nur zu $^8/_{10}$ geschlossenen Bestand an der geringen Stammzahl von 236 (1905) bezw. 250 (1898) Stämmen mit 3,8 fm jährlich geleistet worden ist. (Die Schwappachsche Ertragstafel gibt für Kiefer II, 120jährig, 406 Stämme, 38,8 qm Grundfläche, 493 fm Derbholz, 3,7 fm laufenden Derbholzzuwachs und 0,8 Derbholzzuwachsprozent an.)

Der Zuwachs der Buche von 2,6 fm pro Jahr ist als recht erheblich anzusehen. Die heutige Gesamtderbholzmasse des Bestandes (Kiefer, Buche und Eiche) übertrifft sogar diejenige eines normalen reinen Kiefernbestandes um 553—493 = 60 fm pro Hektar; der laufende Derbholzzuwachs von 6,5 fm beträgt das $\frac{6,5}{3,7} =$ **$1^3/_4$fache** des normalen Zuwachses eines geschlossenen reinen Kiefernbestandes der gleichen Bonität.

Die tatsächlichen Zuwachsverhältnisse erweisen zur Evidenz, daß die Konkurrenz zweier Holzarten — hier der Kiefer und Buche — in der Ausnutzung des Bodenraums zu einer gegenseitigen Beeinträchtigung in der Zuwachsleistung derselben nicht geführt hat — sondern vielmehr daß die Zuwachsleistung der Kiefer absolut wie relativ sogar noch um ein geringes höher war, als im vollgeschlossenen reinen Bestand, und daß außerdem die Buche im Zwischen- und Unterstand für sich noch die erhebliche jährliche Zuwachsleistung von 2,6 fm pro Hektar aufzuweisen hat.

Die reinen Kiefernaltbestände der Oberförsterei Eberswalde haben ebenfalls keinen höheren Schlußgrad als 0,8 infolge des natürlichen Abgangs an jährlicher Trocknis. Die Buche bietet also einen nennenswerten Ersatz für den natürlichen Abgang an Masse des Kiefernholzes. Weitaus bedeutungsvoller ist aber der ausgezeichnete Einfluß der Buche auf den Zustand des Bodens, der durch sie in voller Produktionskraft erhalten wird.

Die laufende Verzinsung läßt sich für den heutigen Bestand in einfacher Form wie folgt berechnen:

a. **Wert des Bestandes:**

408 fm Kiefer	à 17 Mk.	(erntekostenfrei)	=	6936 Mk.
137 „ Buche	à 5 „	„	=	685 „
9 „ Eiche	à 30 „	„	=	270 „
Summe 554 fm	. . . .		=	7891 Mk.
b) **Bodenwert**	. . . .		=	400 „

c) **Verwaltungskosten:**

Kapital $\frac{v}{0,0\,p} = \frac{6}{0,02}$ . . . . = 300 „

Summe **Produktionsaufwand** . . . . . . = 8591 Mk.

d) **Wertszuwachs.**

Für die **Kiefer** ist eine nennenswerte Steigerung des Durchschnitts-Festmeterpreises nicht mehr zu erwarten, da der durchschnittliche Stamminhalt bereits rund 1,5 fm beträgt.

Wird daher, den tatsächlichen Verhältnissen entsprechend, für die **Kiefer** mit einer Steigerung des Festmeterpreises im Laufe des nächsten Jahrzehnts von 17 auf höchstens 18,50 Mk., für die **Buche** von 5 auf 6 Mk., für die **Eiche** von 30 auf 33 Mk. gerechnet, so ergibt sich bei Unterstellung des heutigen Massenzuwachses **folgender Wertszuwachs:**

1. **Kiefer.** Jahr 1905: 408 × 17 . . . . . = 6936 Mk.
„ 1915: (408 + 10 × 3,8) × 18,5
= 446 × 18,5 . . . = 8251 „

Wertszuwachs 1905—1915 . . . . **1315 Mk.**

2. **Buche.** Jahr 1905: 137 × 5 . . . . . = 685 Mk.
„ 1915: (137 + 10 × 2,6) × 6
= 163 × 6 . . . . = 978 „

Wertszuwachs 1905—1915 . . . . **293 Mk.**

3. **Eiche.** Jahr 1905: 9 × 30 . . . . . . = 270 Mk.
„ 1915: (9 + 10 × 0,1) × 35
= 10 × 33 . . . . = 330 Mk.

Wertszuwachs 1905—1915 . . . . **60 Mk.**

Mithin **Gesamtwertszuwachs** 1905—15 = **1668 Mk.**

oder **jährlich** . . . = **166,80 Mk.**

Hieraus die laufende Verzinsung oder das Weiserprozent:

$$p : 100 = 166{,}8 : 8591.$$

$$p = \frac{166{,}8}{8591} \times 100 = \mathbf{1{,}94}\ \%.$$

Der unterstellte Wirtschaftszinsfuß beträgt 2 %.

Der vorliegende Mischbestand von Kiefer und Buche, welcher das normale Umtriebsalter von 120 Jahren erreicht hat, leistet somit noch fast genau die geforderte 2-prozentige Verzinsung. Wirtschaftszinsfuß und Weiserprozent sind gleich. Der Bestand ist finanziell zweifellos hiebsreif, es ist jedoch gerechtfertigt, insbesondere wenn es die sonstigen Bestandesverhältnisse des Reviers erfordern, die Nutzung des vorliegenden Bestandes seines guten Zuwachses und des günstigen Bodenzustandes wegen noch um 10 Jahre hinauszuschieben. Tatsächlich ist auch dieser Bestand bei der Taxation im Jahre 1898 noch nicht der I. Periode überwiesen worden.

19. Jagen 107 c. Reiner Diluvialsand, gering humus. Beerkraut. Kiefer II.

Kiefer, 140—170jährig, gemischt mit Buche und Eiche, im sehr lichten Schirmschlag, 0,5 bestanden. Im Gesamtdurchschnitt 200 fm Derbholz pro Hektar.

Beispiel des ungünstigen Verhaltens der Schirmschlagwirtschaft in der Kiefer. Beabsichtigt war die Erzielung der Vorbesamung auf Buche, die Schlagstellung ist zu licht, die Buchenansamung ist ausgeblieben, der Boden hat sich mit Heidelbeere überzogen. Die Verjüngung ist in der Westhälfte durch Kahlhieb und Kieferanbau (Pflanzung) eingeleitet.

20. Jagen 74, 75 und 108, 109.

Reines Buchengebiet, durchweg $\frac{90—110}{95}$ jährig, zumeist gutwüchsig II./III. und II. Bonität. Humuser, schwach lehmiger Diluvialsand auf Lehmuntergrund.

Beispiel der Entstehung eines reinen Buchengebiets aus früheren Mischbeständen von Kiefer, Buche, Eiche, Birke, in welchen die Kiefer vorherrschend war. Buchenmast 1811. Vergleiche die geschichtliche Darstellung im Allgemeinen Teil auf Seite 9.

21. Jagen 75 h. Versuchsfläche für den von Seebachschen Buchenhochwaldbetrieb.

Boden: Humoser, frischer und sehr tiefgründiger, schwach lehmiger Sand auf tiefliegendem, sandigem Lehm über Mergel. Buche, II. Standortsklasse.

Bestand: Buche, mittleres Baumholz, $\frac{90-100}{95}$ jährig, aus Naturbesamung (überwiegend aus 1811), gutwüchsig, im von Seebachschen Lichtungsbetrieb seit 1875—80 stehend; Bodenschutzholz von Buche aus künstlichem Anbau, überwiegend Pflanzung. Die Abteilung enthält 3 Vergleichsprobeflächen (Abgrenzung durch Weißtannen-Pflanzenreihen).

Art des Versuchs und Ergebnisse.

Fläche I: 0,250 ha, 1875 Aushieb von 10,058 qm Stammgrundfläche pro Hektar.

„ II: 0,800 ha, 1877 Aushieb von 12,199 qm Stammgrundfläche pro Hektar.

„ III: 0,356 ha, 1880 Aushieb von 14,463 qm Stammgrundfläche pro Hektar.

Seit dem ersten damaligen Eingriff sind bis 1896 Nachhiebe erfolgt derart, daß auf allen drei Flächen bis 1896, seit dem Beginn des Versuches, fast genau die gleiche Stammgrundfläche von 21,4 qm entnommen war. Seit 1896 ist kein Nachhieb mehr erfolgt; die Stämme von 1896 sind heute auf allen Flächen noch vollzählig vorhanden.

Die Flächen unterscheiden sich nur insofern, als auf Fläche I der erste Eingriff am geringsten, auf Fläche III am stärksten war; Fläche II stellt das Mittel dar. Die Stärke der Nachhiebe steht, da 1896 wieder alle drei Flächen in der bis dahin entnommenen Stammgrundfläche gleich waren, im umgekehrten Verhältnis.

Hiebe, außer Trocknis usw., sollen bis zum Eintritt vollen Kronenschlusses nicht mehr erfolgen; das Unterholz soll allmählich wieder verschwinden. Die Verjüngung setzt dann selbständig neu ein.

Zuwachsleistung

Jahr	Alter	Hauptbestand: Stammzahl	Hauptbestand: Durchmesser des Mittelstamms (cm)	Hauptbestand: Mittelhöhe (m)	Hauptbestand: Stammgrundfläche (qm)	Hauptbestand: Derbholzgehalt (fm)	Auszuforstender Nebenbestand (Lichtungshiebe): Stammzahl	Auszuforstender Nebenbestand (Lichtungshiebe): Stammgrundfläche (qm)	Auszuforstender Nebenbestand (Lichtungshiebe): Derbholzertrag (fm)
				Fläche I.					
1875	64	**408**	22,9	—	16,85	—	908	10,06	81,60
1877	66	360	—	—	—	—	48	1,07	11,20
1881	70	272	25,3	—	14,99	—	88	3,06	70,00
1883	72	232	—	—	—	—	40	1,83	40,40
1892	81	204	32,0	—	16,98	—	28	2,04	8,40
1896	85	176	32,5	25,0	14,82	186,56	28	3,40	38,50
1905*)	95	**176**	**37,0**	**27,0**	**18,99**	**270,60**	—	—	—
		Summa der Erträge 1875—1905 . .					1140	21,46	**250,10**
				Fläche II.					
1877	66	**288**	26,4	—	15,78	—	1137	12,20	116,00
1881	70	216	28,7	—	14,08	—	72	3,00	31,60
1892	81	195	33,8	—	17,43	—	21	1,69	9,60
1896	85	159	34,0	25,0	14,35	186,03	36	4,35	52,80
1905*)	95	**159**	**38,5**	**27,5**	**18,43**	**266,20**	—	—	—
		Summa der Erträge 1877—1905 . .					1266	21,24	**210,00**
				Fläche III.					
1880	69	**273**	28,0	—	16,70	—	879	14,46	122,00
1881	70	216	29,7	—	14,96	—	57	2,35	29,10
1892	81	183	35,3	—	17,82	—	33	1,97	5,90
1896	85	157	36,5	25,5	16,56	215,10	26	2,63	25,70
1905*)	95	**157**	**41,0**	**28,0**	**20,77**	**299,20**	—	—	—
		Summa der Erträge 1880—1905 . .					995	21,40	**182,70**

*) Aufnahme durch Borgmann im Juli 1905.

auf 1 ha.

Gesamtbestand			Laufend jährlicher Zuwachs					
Stammzahl	Stammgrundfläche qm	Derbholzmasse fm	der Höhe m	des mittleren Durchmessers cm	der Kreisfläche absolut qm	der Kreisfläche %	der Derbholzmasse absolut fm	der Derbholzmasse %
Fläche I.								
1316	26,91	—						
408	—	—	—	—	0,38	2,10	—	—
360	18,05	—						
272	—	—	—	—	0,53	3,08	—	—
232	18,98	—						
204	18,22	225,06	—	—	0,31	1,80	—	—
176	18,99	270,60	0,20	0,45	**0,42**	**2,47**	**8,40**	**3,68**
Fläche II.								
1425	27,98	—	—	—	0,33	2,00	—	—
288	17,08	—						
216	19,12	—	—	—	0,46	2,80	—	—
195	18,70	238,83	—	—	0,32	1,80	—	—
159	18,43	266,20	0,25	0,45	**0,41**	**2,49**	**8,02**	**3,55**
Fläche III.								
1152	31,16	—	—	—	0,60	3,50	—	—
273	17,30	—						
216	19,79	—	—	—	0,44	2,50	—	—
183	19,19	240,80	—	—	0,34	1,80	—	—
157	20,77	299,20	0,25	0,45	**0,42**	**2,25**	**8,41**	**3,27**

Ergebnisse.

Die absolute Leistung an Kreisfläche und Masse für 1 ha verhält sich somit folgendermaßen:

	Der erste Eingriff war:	Bisherige Erträge		Heutiger Bestand		Gesamtleistung	
		Kreisfläche qm	Derbholz fm	Kreisfläche qm	Derbholz fm	Kreisfläche qm	Derbholz fm
Fläche I	schwach	21,46	250,1	18,99	**270,6**	40,45	**520,7**
„ II	mittel	21,24	210,0	18,43	**266,2**	39,67	**476,2**
„ III	stark	21,40	182,7	20,77	**299,2**	42,17	**481,9**

Der laufendjährliche Zuwachs der Kreisfläche betrug im Mittel für den Beobachtungszeitraum

bei Fläche I (1875—1905) = **0,437** qm
„ „ II (1877—1905) = **0,403** „
„ „ III (1880—1905) = **0,423** „

a) Kreisfläche. Abgesehen von einer individuell geringeren Leistung der Fläche II ergibt sich, daß die Leistung an Kreisfläche seit Beginn des Versuches für die zuerst stärker durchhauenen Flächen, Flächen II und III, nicht wesentlich geringer war, als auf Fläche I.

In den letzten 10 Jahren war der laufend jährliche Kreisflächenzuwachs sogar auf sämtlichen drei Flächen mit 0,42 qm der gleiche, trotz der geringeren Stammzahlen auf Fläche II und III; die Kreisflächenzuwachsprozente stellen sich für die Flächen I, II und III auf 2,47 bezw. 2,49 und 2,25 %.

b) Derbholzmasse. Es ergibt sich, daß noch stärkere, erstmalige Eingriffe als diejenigen in Fläche I die Gesamtproduktion an Derbholz bereits herabdrücken, infolge der gleich zu Anfang im schwachen Holze bezogenen höheren Nutzungen. Die Anfangs schwächer durchhauene Fläche I hat wesentlich höhere Vorerträge geliefert als Fläche II und III.

Dagegen betragen die mittleren Stammstärken heute

auf Fläche I 37,0 cm in Brusthöhe
„ „ II 38,5 „ „ „
„ „ III 41,0 „ „ „

sodaß der Wert des Durchschnittsfestmeters auf den Flächen II und III etwas höher steht als auf Fläche I.

Der laufend jährliche Derbholzzuwachs während der letzten 10 Jahre betrug auf Fläche I und III 8,4 fm, auf Fläche II 8,0 fm. Der Vergleich der Flächen I (schwach) und III (stark) ergibt, daß die stammzahlärmere Fläche III mit nur 157 Stämmen pro ha den gleichen absoluten Massenzuwachs an Derbholz (8,4 fm jährlich) wie die stammzahlreichere Fläche I mit 176 Stämmen geleistet hat.

Die Derbholzzuwachsprozente betragen im Mittel für das letzte Jahrzent für die Flächen I, II und III 3,68 bezw. 3,55 und 3,27 %.

Ein Vergleich mit der Leistung des geschlossenen Buchenhochwaldes (II. Bonität nach Schwappachs Buchenertragstafel 1893) ergibt folgendes Resultat:

Betriebsart	Alter	Stammzahl	Laufender jährlicher Derbholzzuwachs fm
Geschlossener Hochwald	90	645	9,2
" "	100	539	8,5
v. Seebachscher Lichtungsbetrieb (im Mittel der Flächen I—III)	**95**	**164**	**8,3**

Es bestätigt sich also auch hier, daß bei der Buche auf den besseren Standorten etwa 1/4 bis 1/3 der Stammzahl des vollgeschlossenen Bestandes genügt, um im Lichtstand den gleichen laufend jährlichen Massenzuwachs an Derbholz zu leisten, wie der geschlossene Hochwald.

Das Derbholz-Zuwachsprozent beträgt in der Altersperiode 85 bis 95 für den Schlußhochwald 2,2 %, dagegen für den v. Seebachschen Lichtungsbetrieb auf Fläche I 3,68 %, auf Fläche II 3,55 %, auf Fläche III 3,27 %.

Bemerkenswert ist der gleichmäßig erheblich geringere Zuwachs auf sämtlichen drei Flächen in der Periode 1892/96, in welche die Dürrejahre 1893 und 1894 fallen; der Kreisflächenzuwachs war in diesem Zeitabschnitt auf 0,32 qm jährlich zurückgegangen, während derselbe sowohl vorher als auch nachher fast gleichmäßig 0,44 qm im Mittel betragen hat.

Der Reinüberschuß der bisherigen Holzerträge über die Kulturkosten des Bodenschutzholzes hat nach einer Berechnung des Oberförsters Dr. Laspeyres vom Jahre 1896 — ohne Zinseszinsen — betragen

bei Fläche	I	2466	Mk.	für	1 ha,
„ „	II	2046	„	„	1 „
„ „	III	1612	„	„	1 „

Das Verfahren nach Fläche I der erstmaligen gemäßigteren Lichtung dürfte den Vorzug verdienen, da bei Fläche II und III — trotz deren bedeutender Zuwachsleistung — sowohl die Gesamtproduktion, als auch insbesondere der bisher bezogene Ertrag nach Masse und Wert nicht unwesentlich geringer ist.

22. Jagen 76g.

Früheres Buchengebiet auf reinem Sandboden. Buche IV z. T. III/IV. Bodenklasse, geringwüchsig, kurzschaftig. Umwandlung in Kiefer durch Kahlhieb und Kiefernanbau durch Pflanzung. Kiefer heute 3 bis 6 jährig.

III. Schönheitsplenterwald bei Liesenkrüz am Nonnenfließ.

(Schutzbezirk Bornemannspfuhl.)

23. Jagen 77. 32 ha. Boden: Diluvialmergel, humoser, schwach lehmiger Sand auf sandigem Lehm über Mergel, Buche, II. Bonität. Schlag VI, VII, VIII. Bestand: Buche, 95 jährig.

Mehrere je 0,08 ha große Voranbauhorste von gutwüchsigen 13 bis 15 jährigen Quercus rubra, Einbänderung mit Abies Nordmanniana u. a.

24. Ebendaselbst und Schlag IX. Geschichte des heutigen Buchenbestandes.

Heutiger Bestand: Buche $\frac{90-100}{95}$ jährig, langschaftig, gutwüchsig und ziemlich geschlossen, einzelne ca. 150 bis 200 jährige Altbuchen und wenige Starkholzeichen, einzelne 100 bis 120 jährige langschaftige Kiefern.

Mittelhöhe 28 bis 29 m, Derbholzmasse wechselnd von 350 bis 400 fm, Zuwachsprozent 1,5.

Entstehung.

1750—80: Mischplenterbestand von Kiefer und Buche zu etwa gleichen Teilen, mit Eichen und Birken raum bestanden.

1780—85: Im lichten Plenter-Schirmschlag wiederholt ohne Erfolg mit Kiefer angesät.

1788: Altbestand von Buche mit Kiefer, Birke, Eiche = 15 %,
Jungbestand von Birke aus Anflug . . . . = 10 %,
Blößen . . . . = 75 %.

1798: Reiner 15jähriger Birkenbestand mit lichtem Oberholz von Buche, Birke, wenigen Kiefern und Eichen.

1818: 35 bis 40jähriger Birkenbestand (mit 90 fm pro ha) mit Oberholz von Buche, wenige Eichen.
„Darunter dichte Buchenbesamung auf der ganzen Fläche", überwiegend aus 1811.

1838: „Buchenstangenholz" mit Resten von alten Buchen, wenigen Eichen und einzelnen 60jährigen Birken.

1858: 50 bis 60jähriger Buchenort, „teilweise" gutwüchsig.

1878: 75jährige Buchen, z. T. noch „locker" geschlossen.

1898: 95jähriges gutwüchsiges Buchenbaumholz.

Die Entstehungsgeschichte des heutigen hervorragend wüchsigen, reinen Buchenbestands darf als eines der interessantesten Ergebnisse der bestandesgeschichtlichen Forschung angesehen werden. Ursprünglich ein raumer Plenterbestand von Kiefer und Buche, mit Eiche und Birke —, dann vergebliche Ansaat der Kiefer im Schirm —, dann massenhaftes Anfliegen der Birke —, dann volle Buchenansamung vom Buchenoberholz im Schirm des mittlerweile 40jährigen Birkenbestands, sodaß 3 Bestandesetagen gleichzeitig vorhanden waren —, schließlich unter fortgesetzten Auszugshieben des Buchenoberholzes und der Birken Heranwachsen eines reinen Buchenbestandes von anfänglich lockerem Schluß und teilweise zurückbleibend durch Überschirmung, schließlich aber zu einem ansehnlichen Buchenbaumholz sich entwickelnd

25. Jagen 76 (Hochwald) an der Grenze mit Jagen 77:

2 Horste von 15jährigen Carya amara und tomentosa, aus Streifensaat.

26. Jagen 77, Schlag IX:

1 Horst mit verschiedenen Abies-Arten (grandis, nobilis, amabilis, firma).

27. Daselbst, Schlag X, vor dem Abstieg zum Tal des Nonnenfließes, rechts vom Wege: Durchstich des frei anstehenden Diluvialmergels.

28. Daselbst, „Liesenkrüz" und Tal des „Nonnenfließes". Behandlung als Schönheitswald, zumeist 150—200jährige Buchen, einzelne Eichen und Kiefern, am Wasserlauf Erle.

Talabwärts bis zum „Geschirr" horstenweiser Anbau edler Laubhölzer, insbesondere von Fraxinus alba und excelsior, Quercus rubra, Prunus serotina, Acer sacharinum u. a.

Die Altholzbuchen erreichen z. T. Höhen bis 36 und 38 m.

Additional material from *Grundzüge der Geschichte und Wirtschaft der Königlichen Oberförsterei Eberswalde*

ISBN 978-3-642-89559-3, is available at

http://extras.springer.com

EXTRA MATERIALS extras.springer.com

GPSR Compliance
The European Union's (EU) General Product Safety Regulation (GPSR) is a set of rules that requires consumer products to be safe and our obligations to ensure this.

If you have any concerns about our products, you can contact us on

ProductSafety@springernature.com

In case Publisher is established outside the EU, the EU authorized representative is:

Springer Nature Customer Service Center GmbH
Europaplatz 3
69115 Heidelberg, Germany

www.ingramcontent.com/pod-product-compliance
Lightning Source LLC
Chambersburg PA
CBHW072244240926
51846CB00012B/614
* 9 7 8 3 6 4 2 8 9 5 5 9 3 *